U0151543

上海市设计学IV类高峰学科资助项目，编号：DB19204

丝路情/民族风

“一带一路”沿线百年时尚流行变迁实录（2）

主　编　柯　玲

副主编　李　丽　马文娟

東華大學出版社·上海

图书在版编目（CIP）数据

丝路情 民族风："一带一路"沿线百年时尚流行变迁实录. 2 / 柯玲主编.
—上海：东华大学出版社，2019.12
ISBN 978-7-5669-1653-2
Ⅰ. ①丝… Ⅱ. ①柯… Ⅲ. ①服饰文化—世界—图集 Ⅳ. ① TS941.12-64
中国版本图书馆 CIP 数据核字（2019）第 264790 号

责任编辑：季丽华
文字编辑：张力月
封面设计：徐 炜

丝路情 民族风——"一带一路"沿线百年时尚流行变迁实录（2）
SILUQING MINZUFENG YIDAIYILU YANXIAN BAINIAN SHISHANG LIUXING BIANQIAN SHILU（2）
主 编：柯 玲
副主编：李 丽 马文娟

出 版：东华大学出版社（上海市延安西路1882号，邮政编码：200051）
本社网址：dhupress.dhu.edu.cn
天猫旗舰店：http://dhdx.tmall.com
营销中心：021-62193056 62373056 62379558
印 刷：杭州富春电子印务有限公司
开 本：890mm×1240mm 1/32
印 张：7.75
字 数：199千字
版 次：2020年3月第1版
印 次：2020年3月第1次印刷
书 号：ISBN 978-7-5669-1653-2
定 价：78.00元

前言
Preface

美人之美　美美与共

——东华大学"一带一路"沿线时尚变迁图片采集漫谈

由东华大学国际文化交流学院和东华大学出版社联合发起，东华大学"一带一路"沿线城市创意与文化交流研究工作室牵头的"东华大学城市记忆·'一带一路'沿线国家时尚流行变迁图片采集"（以下简称"'一带一路'服饰变迁图片采集"）行动自2016年5月启动，至今已经三年。项目的第一季成果于2017年5月在上海市纺织服饰博物馆隆重展出之后，精选编著的《丝路情　民族风——"一带一路"沿线百年时尚流行变迁实录（1）》已经出版。如今，第二季图片采集任务已经结束，并于2019年4月14日在东华大学图书馆文化长廊成功展览一周。因为恰巧在第二届"一带一路"国际合作高峰论坛前展览，无意间引起了十多家主流媒体的关注和追踪报道。姊妹篇《丝路情　民族风——"一带一路"沿线百年时尚流行变迁实录（2）》即将付梓，本人作为工作室的领导，谨代表项目组成员向参与图片采集的29国留学生以及东华大学出版社隆重致谢！

因是第二季，故而本册的项目缘起、项目梗概、项目宗旨以及项目成果与姊篇所记大同小异。当然也有显著不同之处，如第二季丝路采风的留学生们不同了，参与采集的国别也不同了，显示的丝路风景就更不同了。对项目研究而言，项目的影响越来越大，我们的思考也愈来愈深，而且项目成果的拓展也愈来愈广了。借此机会分享以下几点心得。

一、美人之美：实乃人类交际大智慧

工作室当初定名为"'一带一路'沿线城市创意与文化交流研究"，多少还是端了一点点居高临下的理论架子，但通过项目的实际执行，我们日益感到"一带一路"的文化交流研究其实并非务虚，而是实实在在的人际交往或国际

交往。交际往来无论是国家交往还是民间走动，也无论是中外对话还是师生交流，能够美人之美既是一种大局眼光，还是一种生存和交际智慧，更是一种产生快乐的源泉。事实证明，只有懂得美人之美，方能有望共建人间大美。

“一带一路”倡议的提出已近6年，取得了很多有目共睹的实质性业绩。在国家大的倡议之下，催生了我们的“一带一路”服饰变迁采风项目，至今已历时三载，建立了由57个国家的1 700多张照片组成的六大类服饰变迁图片库。记得两年前办第一季成果展之时，适逢第一届“一带一路”国际合作高峰论坛在京召开，当时参会的还只有29位领导人，以及140多个国家、80多个国际组织的代表。而两年后，参会阵容已扩大为37位领导人，以及来自150多个国家和90多个国际组织的外宾。显而易见，“一带一路”上中国的朋友圈已迅速变大。经过各方共同努力，第一届“一带一路”国际合作高峰论坛的五大类76大项279项具体成果已经全部按计划进度完成，其中有的成果还转入了常态化工作，将持续予以推进。“一带一路”倡议用一份亮丽的成绩单证明了何为人心所向，何为互利共赢，何为人类命运共同体！“一带一路”倡议是中国先贤的智慧，也是新时代的中国贡献给全球的中国方案和中国智慧。

美人之美是“一带一路”倡议的初心，而美美与共、天下大同则将是“一带一路”倡议的最终目标，也是很多有识之士曾经提出过的人类社会理想图景。如今的世界，在“一带一路”倡议之下，向着这个目标努力的国家正越来越多。当然，相比而言我们这个“一带一路”百年时尚变迁图片采集项目只能算是高校师生在“一带一路”倡议带动下所做的一次小小的尝试和努力，但我们也同样体会到了美人之美的良好效应和莫大快乐。我们的图片展所呈现的服饰之美，提供者所讲述的故事之美，熙来攘往的观众的赞叹之美，以及记者们追踪围观报道之美等，都让我们深有感触也甚为感动。

二、服饰变迁：最为绚丽的丝路风景

“一带一路”国家其实是一个开放性的集合概念，随着“一带一路”倡议的稳步推进，参与并受益的国家越来越多。此次服饰采风项目的执行，并没有严格按照“一带一路”国别去规限，而是根据学校的服饰文化优势、学科特色和项目主题的需要，给东华大学的所有留学生发出了邀请。在东华大学就读的留学生国别有130多个，事实上留学生们并未全部参与采风。各种复杂原因因人因国而异，如因为服饰图片皆为学生的家人亲友，还涉及到是否愿意授权展览出版、家人是否同意等问题。于是，我们以开放的心态欢迎学生的参与，同时也本着自愿的原则，未作强求，但结果还是比较令人满意的。我们已经完成采集的洲别分布见表1。

表1　两季“一带一路”沿线时尚变迁图片采集洲别数据统计表

洲别	亚洲	欧洲	非洲	美洲
第一季	16	8	3	1
第二季	12	11	6	1
小　计	28	19	9	2

数据固然受到东华大学来华留学生生源国别等客观因素的影响，但来华留学生源国数据本身也颇有意味，甚至可以看作我国外交情况的一个侧面。尽管国际形势风云变幻，但“一带一路”正逐步行稳走好。东华大学服饰采风项目参与留学生的洲别和国家数量与“一带一路”立足亚洲，拓展欧洲，重视非洲，关注美洲等基本特点不谋而合、殊途同归。

“一带一路”沿线国家时尚流行变迁图片采集的时间跨度主要是20世纪以来的百年跨度，我们将其大致分成了四个时期、六大门类，见表2。

表2　“一带一路”沿线国家时尚流行变迁照片采集内容一览表

采集类别	照片拍摄年代			
	20世纪			20世纪90年代—21世纪初
	00—40年代	50—60年代	70—80年代	
家庭照	1	1	1	1
结婚照	1	1	1	1
民族服饰照	1	1	1	1
日常服装照	1	1	1	1
出行照	1	1	1	1
学生照	1	1	1	1
小　计	6	6	6	6

表2中照片的类别是我们作为项目研究的理论划分，实际采集结果并未能严格照章办事。虽然大部分同学按照要求提交了照片，但也有由于种种原因未能严格执行的。我们没有想到这个粗略的年代分隔对于不同国家意义却有很大不同。比如，有位同学提供的照片都是20世纪七八十年代以后的，原因是“老师，我们国家刚独立不久，之前的照片没有。”或者“老师，我的国家

还很穷，穷人怎么会拍照片呢？我问遍了所有同学朋友，大家都没有那么老的照片。现在国家情况好一点了，才有了照片。”记得有位同学提交的照片数量仅有几张，学生说：“老师，我们的国家正在打仗，家人生命不保，我是好不容易才找到这几张照片的！”说到这里，眼中含泪……作为老师，面对此情此景除了安慰学生几句以及真诚致谢，已说不出任何责怪的话！其实，在作采集动员时，很多同学听了我们的介绍都明白这次服饰采风不仅仅是东华大学的一个项目，同时也是展示和交流自己国家文化的一次机会。因此，参与者都十分重视。而之所以出现了一些“意外”现象往往皆是情非得已！“一带一路”服饰采风虽是一个小项目，但其中也经历了酸甜苦辣，我相信经年之后都会成为珍存在东华师生记忆簿中的美好一页。

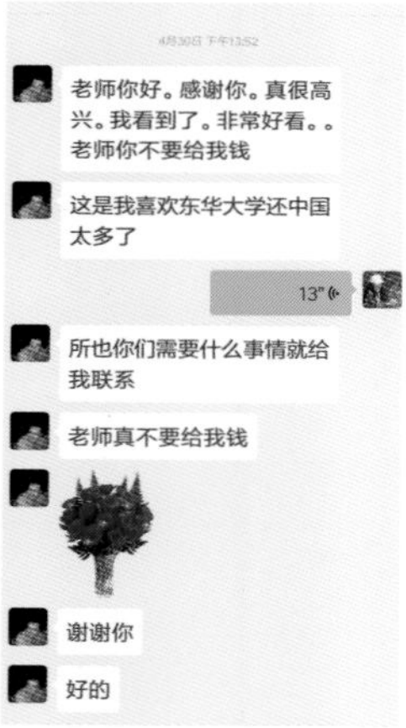

项目历时三年，待成果出版时，一部分同学已经回国了，于是，我直接将展览的实况图片或视频发给了他们，并商量怎么给他们支付微薄的稿酬（图 1）。

图1　与留学生聊天记录

虽然，语句语法仍有些瑕疵，但离开了汉语语境回国后还能用汉语交流已经难能可贵了。对中国的喜爱，对母校东华的情，通过图片采集似乎变得更加深厚浓郁了。中华民族先贤探索出来的这条古老的文明交流之路在新时代又变得温情脉脉、生机勃勃。“一带一路”服饰采风不仅让我们看到了不同国家服饰文化变迁的大致轨迹，也必将加深“一带一路”沿途兄弟国家百姓之间的感情。

三、展望前途：深度广度皆可掘进

“一带一路”是先人留给我们的一条国际交往路径和一笔丰厚的精神财富。它覆盖了海陆两域，其中“一带”即“丝绸之路经济带”。一般认为它有三个走向，从中国出发，一经中亚、俄罗斯到达欧洲；二经中亚、西亚至波斯湾、地中海；三是中国到东南亚、南亚、印度洋。“一路”指的是“21世纪海上丝绸之路”，重点方向有两条，一是从中国沿海港口过南海到印度洋，延伸至欧洲；二是从中国沿海港口过南海到南太平洋。“一带一路”依据中国地理位置特点，凭借水陆资源各自联通中外，而且国内诸多城市和地区也像被彩线穿珠般地联结了起来，从而更利于实现联动发展。

新时代的“一带一路”倡议激活了中华民族的国际交往和发展基因，已经取得的成果为未来的"一带一路"建设奠定了基础。进一步地巩固和开拓是"一带一路"建设的永久性需要。我们的"一带一路"服饰采风项目同样也有着继续深化和研究的广阔空间。一方面，在有可能的情况下继续采集和扩容"一带一路"时尚变迁图片数据库；另一方面，如何充分利用好现有数据库进行宣传、交流和研究也是一项可持续且有意义的课题。本项目以服饰的形式承载文化，留住记忆和温情，让"一带一路"成为时尚流行线、文化展示线、以及美的交流线。

追求时尚是人类共同的心理趋向，一代有一代之时尚，但今天的传统即为昨日之时尚。时尚共同体已经在悄然形成，这方面既有各区域或组织共同体的时尚周，也有学术角度的时尚研究学术联盟，如东华大学就是国际时装院校联盟（IFFTI）的核心成员之一。时尚共同体的建设尚需要深耕细作，使"一带一路"向更深更广发展，只有这样才能真正做到共建共享共同呈现"一带一路"之大美。

在本项目成果之姊篇《丝路情 民族风——"一带一路"沿线百年时尚流行变迁实录（1）》的前言中，本人曾梳理"一带一路"沿线国家时尚变迁图片采录的项目宗旨，包括服务国家战略、服务人才培养、服务来华教育三个方面。而今妹篇《丝路情　民族风——"一带一路"沿线百年时尚流行变迁实录（2）》即将面世，服务的宗旨依然保持初心。不过，还想补充说明的是，所谓服务国家战略，就是响应国家的倡议，发展"一带一路"经济，造福沿线各国和人民，构建人类命运共同体的远大目标；所谓服务人才培养，不仅是培养来华留学生，也包括培养更多的"一带一路"文化研究人才；所谓服务来华教育，不仅是帮助在华的海外留学生了解更多"一带一路"沿线的文化、文明，也包括走出去传播"一带一路"沿线的文化和文明。

2019年5月15日，中华人民共和国主席习近平同志在2019亚洲文明对话大会开幕式上作了主旨演讲，他提出了四点主张："第一，坚持相互尊重、平等相待。第二，坚持美人之美、美美与共。第三，坚持开放包容、互学互鉴。第四，坚持与时俱进、创新发展。"这道出了我们项目组全体师生亦即"一带一路"研究者们的共同心声，也道出了"一带一路"沿线国家和人民的共同心声！

柯　玲

二〇一九年五月于小随园书房

目录

Contents

目 Contents 录

01 阿塞拜疆

阿塞拜疆共和国（The Republic of Azerbaijan），简称阿塞拜疆，国名意为“火的国家”，是东欧和西亚的“十字路口”。阿塞拜疆位于外高加索的东南部。

阿塞拜疆政府以发展石油产业为重点，重振国家经济的战略卓有成效。里海油气的成功开发促进了阿塞拜疆经济和社会的飞速发展。

中 文 名　阿迪乐
英 文 名　Suleymanov Adil
学习周期　2014—2018 年
主修专业　国际经济与贸易
学　　历　本科
指导老师　初夏

阿塞拜疆　阿迪乐提供 20世纪50—60年代　结婚照

阿塞拜疆　阿迪乐提供 20世纪90年代—21世纪初　民族服饰照

阿塞拜疆 阿迪乐提供 20世纪70—80年代 日常服装照

阿塞拜疆　阿迪乐提供 20世纪50—60年代　日常服装照

阿塞拜疆　阿迪乐提供 20世纪70—80年代　日常服装照

阿塞拜疆　阿迪乐提供 20世纪50—60年代　学生照

02 保加利亚

保加利亚共和国（The Republic of Bulgaria），简称保加利亚，位于欧洲巴尔干半岛东南部，拥有多样地形，湖泊、河流纵横林立，其北部属温带大陆性气候，南部属地中海式气候。保加利亚人口700多万，是个多民族国家，其中保加利亚族占84%，土耳其族位居第二。保加利亚语为官方语言，居民主要信奉东正教，少数人信奉伊斯兰教。

现今的保加利亚人的穿戴原则是简朴实惠。然而作为一个有1 300年历史的国家，保加利亚的民族服饰极具特色，形成了绚丽多彩的民族服饰文化。民族服装从功能上可分为劳动服、礼服和节日服。女子民族服装有四种：双片裙式女装、无袖粗呢长袍、单片裙式女装和女士大氅。女装注重中外衣的剪裁和穿着方式，男装则看重颜色和样式，经历了从白色男装到黑色男装的转变。白色装是典型的斯拉夫装，流行于所有保加利亚人居住的地区。保加利亚的国家民俗博物馆是目前最大的民族服装收藏馆。

中 文 名　石亚森
英 文 名　Yasen Rostislavov Shishkov
学习周期　2016—2020 年
主修专业　工商管理
学　　历　本科
指导老师　刘美玲

保加利亚　石亚森提供 20世纪00—40年代　家庭照

保加利亚 石亚森提供 20世纪90年代—21世纪初 民族服饰照

保加利亚　石亚森提供 20世纪00—40年代　日常服装照

保加利亚　石亚森提供 20世纪50—60年代　日常服装照

保加利亚 石亚森提供 20世纪00—40年代 出行照

保加利亚　石亚森提供 20世纪00—40年代　出行照

保加利亚　石亚森提供 20世纪00—40年代　出行照

保加利亚　石亚森提供 20世纪70—80年代　出行照

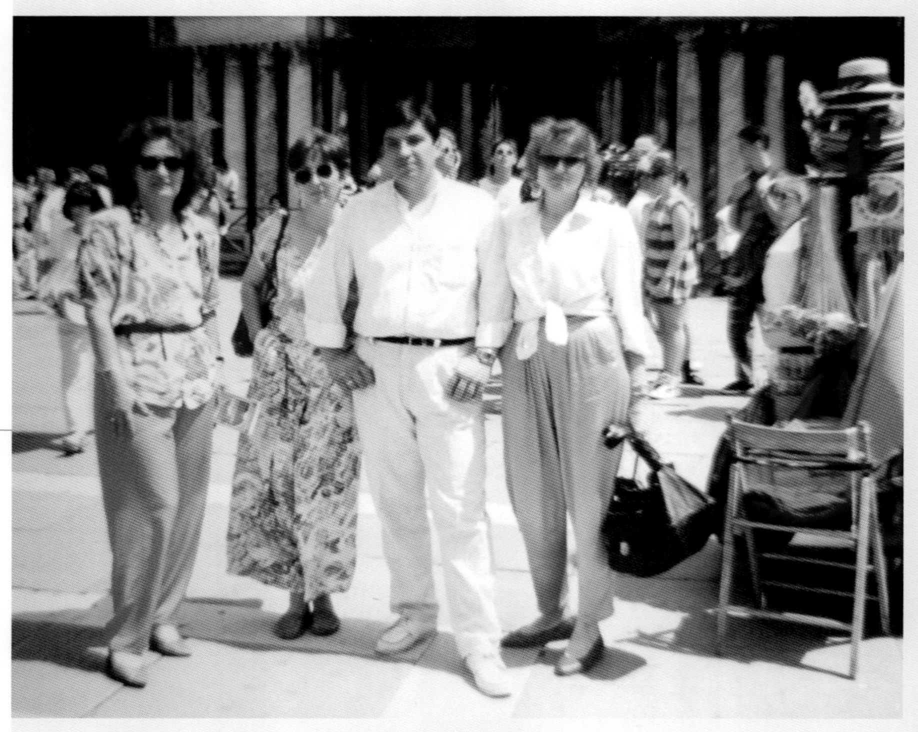

保加利亚　石亚森提供 20世纪90年代—21世纪初　出行照

保加利亚　石亚森提供 20世纪00—40年代　学生照

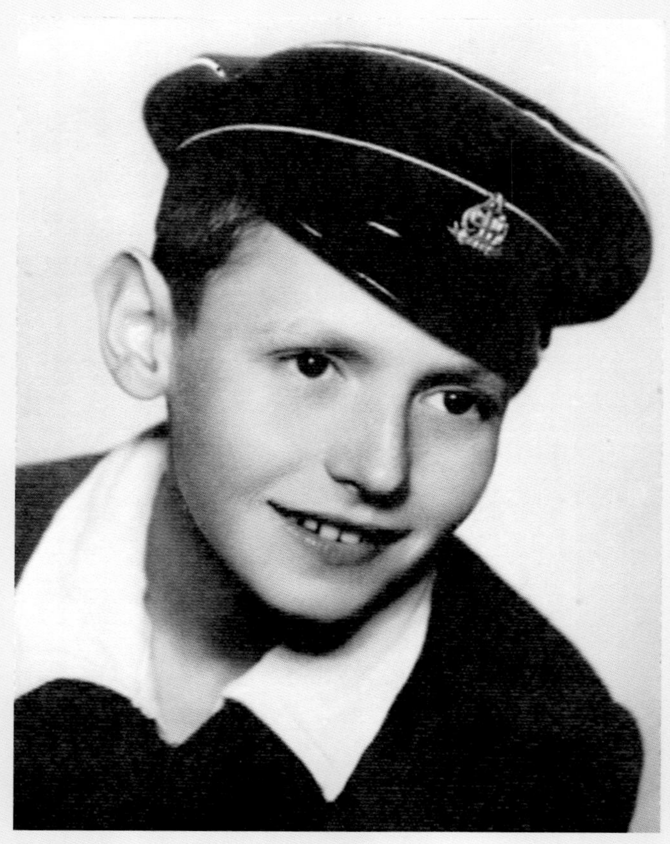

保加利亚　石亚森提供 20世纪50—60年代　学生照

保加利亚　石亚森提供 20世纪70—80年代　学生照

保加利亚　石亚森提供 20世纪70—80年代　学生照

03 北马其顿

北马其顿共和国（The Republic of North Macedonia），简称北马其顿，位于南欧地区，地处巴尔干半岛中部，是个多山的内陆国家。北马其顿国土面积25 713平方公里，人口约207万，主要民族为马其顿族、阿尔巴尼亚族、土耳其族、罗姆族和塞尔维亚族。

这里的人民特别关注服装的设计和装饰，因此其民族服装和珠宝极具创造力和表现力。北马其顿的民族服装保留了旧时文化影响的痕迹，但又受到巴尔干、斯拉夫和东方文化的影响。

中文名　爱丽娜
英文名　Elena Stojanovska
学习周期　2010—2013年
主修专业　纺织工程
学　　历　硕士
指导老师　严新锋

北马其顿　爱丽娜提供 20世纪00—40年代　家庭照

北马其顿　爱丽娜提供 20世纪90年代—21世纪初　结婚照

北马其顿　爱丽娜提供 20世纪50—60年代　聚会照

北马其顿　爱丽娜提供 20世纪50—60年代　民族服饰照

北马其顿 爱丽娜提供 20世纪00—40年代 民族服饰照

北马其顿　爱丽娜提供 20世纪00—40年代　民族服饰照

北马其顿　爱丽娜提供 20世纪50—60年代　日常服装照

北马其顿　爱丽娜提供 20世纪70—80年代　出行照

北马其顿 爱丽娜提供 20世纪70—80年代 学生照

04 蒙古

蒙古国（Mongolia），简称蒙古，位于亚洲中部，首都和最大的城市为乌兰巴托。蒙古的行政区划分为21个省，领土面积约为156万平方米，人口约300万，官方语言为蒙古语。

蒙古远离海洋，大部分地区为山地或高原，平均海拔1 580米，属温带干旱半干旱气候，温差大，夏季短而干热，冬季漫长严寒，常有暴风雪，是亚欧大陆“寒潮”的发源地之一。

蒙古是多民族国家，其中喀尔喀民族为主要民族，他们的服装成为蒙古国代表性的服装，基本款式为长袍，下摆两侧或中间开衩，袖端呈马蹄袖。已婚妇女袍服外面还配有长、短不同款式的坎肩。

随着时代的变化，慢慢出现了民族服装的现代款式设计。长袍、腰带、靴子、首饰、帽子等传统民族服饰的图案、色彩、面料、工艺以及款式，开始结合现代设计进行改良。

中文名　孟和娜仁

英文名　Khiimori，Munkhnaran

学习周期　2010—2013年

主修专业　艺术设计

学　　历　硕士

指导老师　李丽

蒙古　孟和娜仁提供 20世纪00—40年代　家庭照

蒙古　孟和娜仁提供 20世纪00—40年代　民族服饰照

蒙古　孟和娜仁提供 20世纪50—60年代　日常服装照

蒙古　孟和娜仁提供 20世纪70—80年代　日常服装照

蒙古　孟和娜仁提供 20世纪90年代—21世纪初　出行照

蒙古　孟和娜仁提供 20世纪70—80年代　学生照

蒙古 孟和娜仁提供 20世纪90年代—21世纪初 学生照

05 斯里兰卡

斯里兰卡民主社会主义共和国（The Democratic Socialist Republic of Sri Lanka），简称斯里兰卡，旧称锡兰，是个热带岛国，位于印度洋海上，英联邦成员国之一。中国古代曾经称其为狮子国、师子国、僧伽罗。

斯里兰卡的经济以农业为主，而该国最重要的出口产品是锡兰红茶。该国亦为世界三大产茶国之一，因此国内经济深受产茶情况的影响。在经济自由化进程中，斯里兰卡经济增长速度持续加快，其最大优势在于矿业和地理位置，它是一个宝石富集的岛屿，世界前五名的宝石生产大国，被誉为“宝石岛”。在经济初期阶段，矿业让斯里兰卡有不少发展优势，每年宝石的出口值可以达5亿美元，其中，红宝石、蓝宝石及猫眼最为出名。

斯里兰卡在僧伽罗语中意为“乐土”或“光明富庶的土地”，有“宝石王国”“印度洋上的明珠”的美称，被马可·波罗认为是最美丽的岛屿。

中 文 名	杨芳
英 文 名	W.w.mabarana,Bandara Ravindika Kesharee
学习周期	2014—2019 年
主修专业	服装与服饰设计
学 历	本科
指导老师	初夏

斯里兰卡　杨芳提供 20世纪70—80年代　家庭照

斯里兰卡　杨芳提供 20世纪50—60年代　结婚照

斯里兰卡　杨芳提供 20世纪70—80年代　民族服饰照

斯里兰卡　杨芳提供 20世纪90年代—21世纪初　民族服饰照

斯里兰卡 杨芳提供 20世纪90年代—21世纪初 学生照

06 乌兹别克斯坦

乌兹别克斯坦共和国（The Republic of Uzbekistan），简称乌兹别克斯坦。可以毫不夸张地说，乌兹别克斯坦是整个中亚的财富。在丝绸之路的时代，乌兹别克斯坦发挥了重要的文化和经济作用。到访乌兹别克斯坦的旅行者会惊讶于这里的陶艺、刺绣、铁艺以及其他手工物的精美与独特。

乌兹别克斯坦的民族服装是乌兹别克斯坦文化的一个方面。影响乌兹别克斯坦民族服装的主要因素是伊斯兰教。直到20世纪，传统的乌兹别克斯坦服装仍然保留着古老的特征。男士、女士甚至儿童的衣服在形式和剪裁方面几乎相同。乌兹别克男士服装多由长袍、衬衫、腰带和裤子组成。乌兹别克斯坦女性的衣服多由丝绸、棉和天鹅绒制成。

中文名　沙鲁克
英文名　Madjidov Shakhrukh
学习周期　2016—2018年
主修专业　供应链管理
职　　务　博士后
指导老师　柯玲

乌兹别克斯坦　沙鲁克提供 20世纪90年代—21世纪初　家庭照

乌兹别克斯坦　沙鲁克提供 20世纪00—40年代　结婚照

乌兹别克斯坦　沙鲁克提供 20世纪50—60年代　结婚照

乌兹别克斯坦　沙鲁克提供 20世纪00—40年代　民族服饰照

乌兹别克斯坦 沙鲁克提供 20世纪00—40年代 日常服装照

乌兹别克斯坦　沙鲁克提供 20世纪50—60年代　日常服装照

乌兹别克斯坦　沙鲁克提供 20世纪70—80年代　日常服装照

乌兹别克斯坦　沙鲁克提供 20世纪70—80年代　日常服装照

乌兹别克斯坦　沙鲁克提供 20世纪70—80年代　出行照

07 西班牙

西班牙王国（The Kingdom of Spain），简称西班牙，位于欧洲西南部的伊比利亚半岛，与葡萄牙和法国接壤，首都为马德里。西班牙也包括地中海中的巴利阿里群岛、大西洋的加那利群岛以及在非洲北部的休达和梅里亚。西班牙有4 673万人口，同民族但有不一样的文化和语言。加泰罗尼亚、瓦伦西亚自治区和巴利阿里群岛的语言很接近。

西班牙的文化可以说南部受到阿拉伯文化的影响，而北部受到欧洲文化的影响。西班牙人的服饰曾经是文艺复兴时期三大流行风格之一。它追求极端的奇特造型和夸张的表现，且缝制技术高超。现代的西班牙服饰一般用于出席比较正式的活动，如家宴、宴会、招待会和婚礼等。白天的服装色彩相对活泼鲜艳一些，而晚上则较为庄重。对男士而言，白天的活动可穿浅色西装，晚上的活动则需穿深色西装，最好是黑色调，配白色衬衫、高档领带，皮鞋也应为黑色。在西班牙人看来，这种黑色调比较庄重、严肃。女士则穿裙子，色彩可根据自己的爱好、年龄、场合而定；在教堂参加婚礼时，亦可穿西服裙套装，这样显得更正式一些。

中文名　李克
英文名　Ricardo Valera Devis
学习周期　2011—2015年
主修专业　汉语言
学　历　本科
指导老师　柯玲

西班牙 李克提供 20世纪00—40年代 家庭照

西班牙　李克提供 20世纪00—40年代　结婚照

西班牙 李克提供 20世纪50—60年代 民族服饰照

西班牙　李克提供 20世纪00—40年代　日常服装照

西班牙　李克提供 20世纪00—40年代　日常服装照

西班牙　李克提供 20世纪00—40年代　日常服装照

西班牙　李克提供 20世纪00—40年代　日常服装照

西班牙　李克提供 20世纪50—60年代　日常服装照

西班牙　李克提供 20世纪50—60年代　出行照

西班牙　李克提供 20世纪50—60年代　出行照

西班牙　李克提供 20世纪70—80年代　出行照

西班牙　李克提供 20世纪00—40年代　学生照

西班牙 李克提供 20世纪50—60年代 学生照

08 匈牙利

匈牙利（Hungary）是位于欧洲中部的内陆国家，人口约1 000万，首都和最大的城市是布达佩斯。

匈牙利的官方语言是匈牙利语，这是世界上使用最广泛的乌拉尔语系语言，也是欧洲广泛使用的少数非印欧语言。

匈牙利气候温和，夏季普遍温暖，整体湿度较低，但雨季频繁，冬季寒冷。

中文名	顾戴安娜
英文名	Gu Diana
学习周期	2017—2021年
主修专业	服装与服饰设计
学　历	本科
指导老师	初夏

匈牙利 顾戴安娜提供 20世纪00—40年代 家庭照

匈牙利　顾戴安娜提供 20世纪50—60年代　家庭照

匈牙利 顾戴安娜提供 20世纪00—40年代 结婚照

匈牙利　顾戴安娜提供 20世纪50—60年代　结婚照

匈牙利 顾戴安娜提供 20世纪00—40年代 民族服饰照

匈牙利　顾戴安娜提供 20世纪00—40年代　民族服饰照

匈牙利 顾戴安娜提供 20世纪50—60年代 民族服饰照

匈牙利　顾戴安娜提供 20世纪50—60年代　出行照

匈牙利 顾戴安娜提供 20世纪00—40年代 学生照

09 伊拉克

伊拉克共和国（The Republic of Iraq），简称伊拉克，是西亚的一个国家，北与土耳其接壤，东与伊朗接壤，东南与科威特接壤，南与沙特阿拉伯接壤，西南与约旦接壤，西与叙利亚接壤。首都和最大的城市是巴格达。伊拉克是一个多民族的国家。伊拉克的官方语言是阿拉伯语和库尔德语。

伊拉克的时尚是多样的。说到中东时尚，有很多刻板印象，但实际上，在伊拉克看到的街头时尚中，西方和东方的影响交织在一起。

中文名	弗拉特
英文名	Alattabi Furat Jamal Hassan
学习周期	2009—2014 年
主修专业	服装设计
学　历	博士
指导老师	柯玲

伊拉克 弗拉特提供 年代不详 民族服饰照

伊拉克　弗拉特提供 年代不详　民族服饰照

伊拉克　弗拉特提供 20世纪90年代—21世纪初　民族服饰照

伊拉克　弗拉特提供 20世纪90年代—21世纪初　日常服装照

10 印度尼西亚

印度尼西亚共和国（The Republic of Indonesia），简称印度尼西亚，东南亚国家，首都为雅加达。印度尼西亚由1 700多个岛屿组成，是马来群岛的一部分，也是全世界最大的群岛国家，疆域横跨亚洲及大洋洲，别称“千岛之国”，也是多火山多地震的国家。

印度尼西亚人一般穿上衣和纱笼，并配有色调一致的披肩和腰带。妇女习惯佩戴金银首饰。在苏门答腊、加里曼丹等地方流行缠头的习惯。服装材料一般是针织布、印花布和丝绸。苏拉威西、加里曼丹和西伊里安等地的服装材料是树皮布。这种布是用硬长纤维的树皮制成的，一般穿5~6个月，不能水洗。穿纱笼要从腰到脚踝处缠三层，这种衣服与西班牙裙子相似，其下摆悬有各色布条，常见的有红、黄、绿三色。

蜡染是印度尼西亚的一种传统手工艺，蜡染布色彩丰富，设计精美。其图案各式各样，不仅有阿拉伯的书法、欧洲的花束和中国的凤凰，还有日本的樱花、印度的孔雀等，体现了各种不同的文化融合。还有根据结婚、怀孕等庆祝活动以及其他艺术形式来设计的各种特殊的蜡染布，这些复杂的图案大大提高了蜡染布的艺术价值。蜡染工艺常在家族中相传，与印度尼西亚人民的文化密不可分。

中 文 名　林昭丽
英 文 名　Gisela Herlinsen
学习周期　2013—2018 年
主修专业　环境艺术设计
学　　历　本科
指导老师　张姮

印度尼西亚　林昭丽提供 20世纪50—60年代　家庭照

印度尼西亚　林昭丽提供 20世纪90年代—21世纪初　家庭照

印度尼西亚　林昭丽提供 20世纪00—40年代　结婚照

印度尼西亚　林昭丽提供 20世纪70—80年代　民族服饰照

印度尼西亚　林昭丽提供 20世纪50—60年代　民族服饰照

印度尼西亚　林昭丽提供 20世纪00—40年代　日常服装照

印度尼西亚　林昭丽提供 20世纪50—60年代　日常服装照

印度尼西亚　林昭丽提供 20世纪50—60年代　日常服装照

印度尼西亚 林昭丽提供 20世纪50—60年代 日常服装照

印度尼西亚　林昭丽提供 20世纪50—60年代　日常服装照

印度尼西亚 林昭丽提供 20世纪50—60年代 日常服装照

印度尼西亚　林昭丽提供 20世纪50—60年代　日常服装照

印度尼西亚 林昭丽提供 20世纪70—80年代 日常服装照

印度尼西亚 林昭丽提供 20世纪70—80年代 日常服装照

印度尼西亚　林昭丽提供 20世纪70—80年代　出行照

印度尼西亚　林昭丽提供 20世纪50—60年代　学生照

11 阿富汗

阿富汗伊斯兰共和国（The Islamic Republic of Afghanistan），简称阿富汗，位于西亚、南亚和中亚交汇处，属中亚国家。由于它连接中亚、西亚和南亚，在历史上被称为通向南亚大陆的“锁钥”，战略地位非常重要。阿富汗总面积约为65万平方公里，全国人口3 600多万，由20多个民族组成。

阿富汗人的传统服饰主要以棉花和羊毛为原材料，勤劳的阿富汗人将它们织成布料，染上各种颜色，制成服装。阿富汗妇女的服装叫“Chadri”，布料由棉花织成，颜色以蓝、棕、黑为主，它可以将妇女从头到脚地“武装”起来，只露出眼睛。

中文名 高风华
英文名 Mohammad Hadi Mohammadi
学习周期 2016—2019年
主修专业 计算机科学与技术
学　　历 硕士
指导老师 严新锋

阿富汗 高风华提供 20世纪90年代—21世纪初 结婚照

阿富汗　高风华提供 20世纪70—80年代　民族服饰照

阿富汗 高风华提供 20世纪90年代—21世纪初 民族服饰照

阿富汗　高风华提供 20世纪00—40年代　日常服装照

阿富汗 高风华提供 20世纪50—60年代 日常服装照

阿富汗　高风华提供 20世纪70—80年代　日常服装照

阿富汗　高风华提供 20世纪50—60年代　出行照

阿富汗　高风华提供 20世纪70—80年代　出行照

12 叙利亚

阿拉伯叙利亚共和国（The Syrian Arab Republic），简称叙利亚，位于亚洲大陆西部，国土总面积约为18万平方公里。叙利亚气候比较干燥，由于高山的阻挡，全国有五分之三的地区全年降雨量少于25厘米。叙利亚人口约2 000万，其中阿拉伯人占80%以上，还有库尔德人、亚美尼亚人、土耳其人和彻尔克斯人等。

叙利亚服饰以阿拉伯袍式服装为主，西式服装则在年轻人中间流行。人们喜欢穿白色、黑色等阿拉伯式大袍，扎腰带，头上披戴白色或红白相间的花格头巾，并以黑色或棕色头箍缠头或头戴白帽。女式袍装颜色多种多样，年轻女性喜欢穿着彩色袍装，其头饰以金银、花朵为主；老年妇女穿着保守，多穿黑长袍，戴黑头巾，且戴面纱。

中文名 宏博
英文名 Bilal Zaarour
学习周期 2015—2019年
主修专业 纺织工程
学历 博士
指导老师 严新锋

叙利亚　宏博提供 20世纪90年代—21世纪初　民族服饰照

叙利亚　宏博提供 20世纪90年代—21世纪初　民族服饰照

叙利亚 宏博提供 20世纪90年代—21世纪初 民族服饰照

13 埃及

阿拉伯埃及共和国（The Arab Republic of Egypt），简称埃及，位于北非东部。埃及既是亚、非之间的陆地交通要冲，也是大西洋与印度洋之间海上航线的捷径，战略位置十分重要。埃及是中东人口最多的国家，也是非洲人口第三大国，在经济、科技领域方面长期处于非洲领先态势。古埃及是世界四大文明古国之一。

埃及经济的多元化程度在中东地区名列前茅。旅游业、农业、工业和服务业是重要产业，纺织业比较发达，被誉为“棉花之国”。

中文名　福鼎
英文名　Aboalhassan Ahmed Abdulqawy Abdulgaleel
学习周期　2015—2019 年
主修专业　材料学
学　　历　博士
指导老师　吴小军

埃及　福鼎提供 20世纪90年代—21世纪初　结婚照

埃及　福鼎提供 20世纪70—80年代　日常服装照

埃及　福鼎提供 20世纪70—80年代　日常服装照

14 埃塞俄比亚

埃塞俄比亚联邦民主共和国（The Federal Democratic Republic of Ethiopia），简称埃塞俄比亚，位于非洲东北部，高原占了全国面积的三分之二，被称为“非洲屋脊”。埃塞俄比亚处于非洲之角的中心，是内陆国，有着3 000年的文明史，历史上曾经是欧洲国家的殖民地，经济以农牧业为主。埃塞俄比亚的国土面积约为110万平方公里，人口约为1.06亿，是非洲人口数量排名第二位的国家。

埃塞俄比亚的民族传统服饰有其一定的独特风格。一般上身为高领长窄袖的衬衣，下身为窄裤或马裤，身披白色“沙马”，冬天外加带风帽的斗篷。妇女一般都穿长而窄的连衣裙，外罩为“沙马”，有的甚至裹住头部只露面部。埃塞俄比亚加拉族女性特别注重化妆。头发要用油脂弄硬，并在其中加些草梳成小辫，耳朵穿孔佩草制或白色贝壳制成的花环，手和脚戴金属的手镯与脚镯，身上涂抹香料。

中 文 名　林杰羽
英 文 名　Abraha Kahsay Gebresilassie
学习周期　2015—2019 年
主修专业　纺织工程
学　　历　硕士
指导老师　吴小军

埃塞俄比亚 林杰羽提供 20世纪90年代—21世纪初 家庭照

埃塞俄比亚　林杰羽提供　20世纪90年代—21世纪初　民族服饰照

埃塞俄比亚　林杰羽提供　20世纪50—60年代　日常服装照

埃塞俄比亚　林杰羽提供　20世纪50—60年代　日常服装照

埃塞俄比亚 林杰羽提供 20世纪70—80年代 日常服装照

埃塞俄比亚 林杰羽提供 20世纪70—80年代 出行照

15 波兰

波兰共和国（The Republic of Poland），简称波兰，位于欧洲中部。

波兰的传统服饰在不同程度上受到德国、捷克、俄罗斯、立陶宛、罗马尼亚、奥地利的影响，分有60多种独特的各地服饰，但在总体上都有相同的特点——颜色鲜艳，饰有刺绣。19世纪以后，波兰的传统服饰被作为爱国情怀的标志。19世纪中后期发展最为蓬勃。当时的面料大范围生产且价格便宜，平民百姓买得起，农民们的经济和社会地位也逐渐提高，所以许多人希望通过穿着传统服饰来彰显他们的地位与自豪。波兰人喜爱有红色、黄色、蓝色条纹的布料，所有的色彩都配合得和谐美观。当地男子还常穿军服式服装，有的上面还饰有金色流苏。波兰妇女，已婚的要把头发塞进帽子里，未婚的则把头发梳成两条辫子，用缎带把辫梢系住，头上通常还戴花环或系头巾。她们喜欢在颈上佩戴用珊瑚珠、玻璃珠或琥珀珠做成的项链。

中文名　鲁妮卡
英文名　Truszczynska Weronika
学习周期　2017—2020年
主修专业　汉语言
学历　本科
指导老师　吴小军

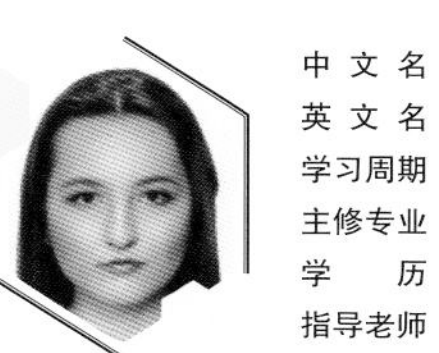

中文名　马格达
英文名　Górska Magdalena
学习周期　2017—2018年
主修专业　汉语培训
学历　语言生
指导老师　李璇

波兰 马格达提供 20世纪70—80年代 家庭照

波兰 鲁妮卡提供 20世纪50—60年代 结婚照

波兰　鲁妮卡提供 20世纪70—80年代　结婚照

波兰　马格达提供 20世纪50—60年代　民族服饰照

波兰　鲁妮卡提供 20世纪70—80年代　日常服装照

波兰　鲁妮卡提供 20世纪50—60年代　出行照

波兰　鲁妮卡提供 20世纪70—80年代　学生照

16 拉脱维亚

拉脱维亚共和国（The Republic of Latvia），简称拉脱维亚，位于欧洲东北部，西邻波罗的海，与爱沙尼亚和立陶宛共同称为波罗的海三国，人口约200万。拉脱维亚属温带阔叶林气候，湿度较大，全年约有一半时间为雨雪天气。

拉脱维亚传统服饰有4种不同的风格：

拉特加尔地区的传统服装受爱沙尼亚、俄罗斯、白俄罗斯、瑟罗尼亚、立陶宛的影响最大。裙子通常是白色的，在裙子的下边缘有红色的衬里。

瑟罗尼亚的服装跟立陶宛的服装有很多相似之处。该地区的亚麻裙最具特色，上半身是带肩带的长套衫，展示了古老的传统，是波罗的海地区独有的特色。

瑟米加利亚地区虽靠近立陶宛，但其服装与立陶宛却完全不同，其服装有着显著的芬兰-乌戈尔族的传统特色，特别是其最早时期的服装。

裙子是维泽梅地区女士服装中最亮眼的部分，颜色多样、图案多变。19世纪上半叶，以条纹为特色，而格子是在下半叶开始流行。

中 文 名　安娜
英 文 名　Klujeva, Anastasija
学习周期　2016—2020年
主修专业　市场营销
学　　历　本科
指导老师　李丽

拉脱维亚　安娜提供 20世纪00—40年代　家庭照

拉脱维亚　安娜提供 20世纪70—80年代　家庭照

拉脱维亚　安娜提供 20世纪50—60年代　结婚照

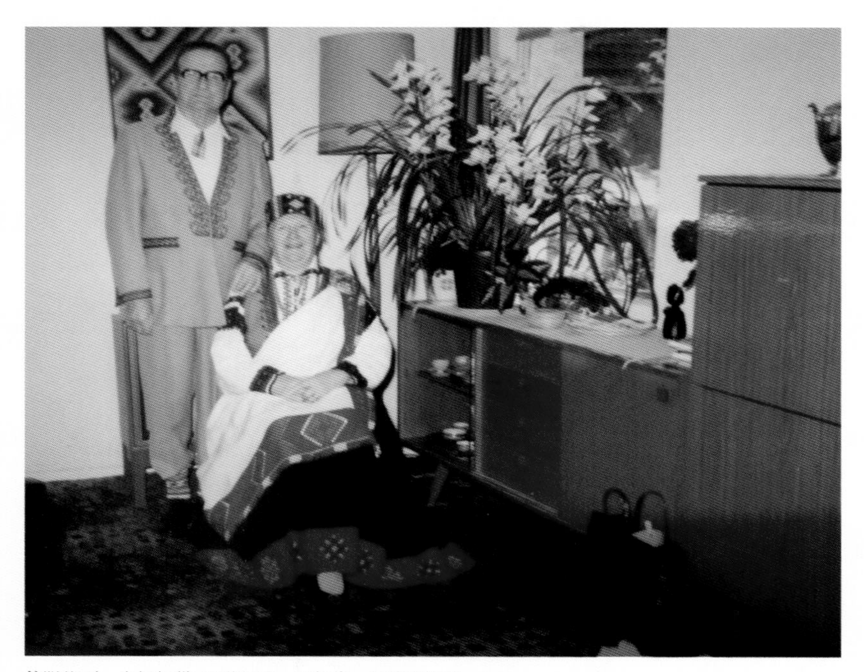

拉脱维亚　安娜提供 20世纪70—80年代　民族服饰照

拉脱维亚　安娜提供 20世纪90年代—21世纪初　民族服饰照

拉脱维亚　安娜提供 20世纪00—40年代　日常服装照

拉脱维亚　安娜提供 20世纪70—80年代　日常服装照

拉脱维亚　安娜提供 20世纪90年代—21世纪初　日常服装照

拉脱维亚　安娜提供 20世纪50—60年代　学生照

17 摩尔多瓦

摩尔多瓦共和国（The Republic of Moldova），简称摩尔多瓦。摩尔多瓦是位于东南欧的内陆国，属温带大陆性气候。境内平原和丘陵相间分布，中部为高地，三分之二的土地为黑钙土。北部和中部属森林草原带，南部为草原。

每逢节日，摩尔多瓦的男女老少都要穿上民族服装。几个世纪以来，摩尔多瓦民族形成了独具特色的民族服饰。成年男子穿白长衫和白裤子，外套呢制的西装背心，入冬穿皮坎肩或毛坎肩，着短羊皮袄，头戴小羊皮帽，脚蹬自制皮靴，腰间束红色的、绿色的或是蓝色的宽腰带。腰带长度一般为3米。男用腰带不仅仅具有实用价值，而且具有极强的装饰性。妇女头扎大方巾，上身穿白底彩绣衫衣，外套过膝，下身穿宽下摆裙，裙外扎毛料或亚麻布的围裙。摩尔多瓦妇女的裙子一般用深色的纯毛面料制成。裙子上面绣有五彩几何图案。裙腰部配有窄腰带。冬季，男女均穿上自制的皮毛外套。21世纪初，民族服饰在农村的老年人中仍有保留，年轻人已很少穿着，大多在电影和舞台上使用，并已逐渐成为摩尔多瓦民族的艺术象征。

中文名　丹诗勒
英文名　Zgardan Vasile
学习周期　2018—2022年
主修专业　数字媒体艺术
学　历　本科
指导老师　初夏

摩尔多瓦　丹诗勒提供 20世纪90年代—21世纪初　家庭照

摩尔多瓦　丹诗勒提供 20世纪00—40年代　结婚照

摩尔多瓦　丹诗勒提供 20世纪90年代—21世纪初　结婚照

摩尔多瓦　丹诗勒提供 20世纪90年代—21世纪初　民族服饰照

摩尔多瓦　丹诗勒提供 20世纪90年代—21世纪初　民族服饰照

摩尔多瓦　丹诗勒提供 20世纪90年代—21世纪初　民族服饰照

摩尔多瓦　丹诗勒提供 20世纪00—40年代　日常服装照

摩尔多瓦　丹诗勒提供 20世纪70—80年代　日常服装照

摩尔多瓦 丹诗勒提供 20世纪90年代—21世纪初 日常服装照

18 墨西哥

墨西哥合众国（The United States of Mexico），简称墨西哥，是北美洲的一个联邦共和制国家。面积约196万平方公里。人口约1.23亿，为西班牙语世界第一人口大国及拉丁美洲第二人口大国。

墨西哥是美洲大陆印第安人古文化中心之一。这里曾孕育出闻名世界的奥尔梅克文化、托尔特克文化、特奥蒂瓦坎文化、萨波特克文化、玛雅文化和阿兹特克文化，后者更是成为了前哥伦布时期北美洲最大的国家阿兹特克帝国。1521年沦为西班牙殖民地。1810年9月16日墨西哥人民掀起了反抗西班牙殖民统治的战争，1821年取得独立。1824年10月建立联邦共和国。1917年改为现国名。

墨西哥古印第安人培育出了玉米，故墨西哥有“玉米的故乡”之称。墨西哥在不同历史时期还赢得了“仙人掌的国度”“白银王国”“浮在油海上的国家”等美誉。

中文名 孙瑶
英文名 Flores Delgado Beatriz
学习周期 2018—2020年
主修专业 国际商务
学历 硕士
指导老师 初夏

墨西哥　孙瑶提供 年代不详　家庭照

墨西哥　孙瑶提供 年代不详　结婚照

墨西哥　孙瑶提供 年代不详　日常服装照

19 塞内加尔

塞内加尔共和国（The Republic of Senegal），简称塞内加尔，位于非洲西部凸出部位的最西端，首都达喀尔。塞内加尔是一个农业国，花生是最重要的经济和出口作物，被誉为“花生之国”，其他产业包括渔业、采矿、制造业和旅游业。

塞内加尔全国有20多个民族，主要是沃洛夫族、颇尔族和谢列尔族。塞内加尔人的穿着一般都比较简单，男子习惯穿一种白色的“布布”大袍，女子一般都穿颜色鲜艳的长裙，有的还在头上蒙着一条围巾。在农村地区还有这样的风俗：人们一般都把头剃得光光的，只在左耳朵的上方留下一块头发。

中文名　苏拉
英文名　Thiaw Ahmadou Bamba Sourang
学习周期　2017—2020年
主修专业　机械工程
学　历　博士
指导老师　吴小军

塞内加尔　苏拉提供 年代不详　结婚照

塞内加尔　苏拉提供 年代不详　日常服装照

塞内加尔　苏拉提供 年代不详　日常服装照

塞内加尔　苏拉提供 年代不详　日常服装照

希腊 20

希腊共和国（The Hellenic Republic），简称希腊，是地处欧洲东南角、巴尔干半岛南端的共和制国家。全国由半岛南部的伯罗奔尼撒半岛和爱琴海中的3 000余座岛屿共同构成。希腊的历史可一直上溯到古希腊文明，被视为西方文明的发源地。

在古希腊，不管是富豪还是穷人、男人或是女人，都穿束腰外衣（Tunic），这其实是一种简单的长袍，形式有几种，这个名字源于拉丁词Tunica。在古罗马时期，男人和女人都穿这种长袍。从古希腊一直到中世纪，甚至现在的T恤衫，也是源于这类服装，它是最经典、历史最悠久的一种西方服装样式。

在今天，希腊风的服饰风格依然被服装界所宠爱，从香奈儿（Chanel）、华伦天奴（Valentino）再到今年的古驰（Gucci）早春大秀，无一不是从古希腊风中得到灵感和启发，这种既简单又美丽的风格至今仍被效仿或沿用，这一切都是因为希腊人特别注重身体本身。他们穿衣讲究不束缚身体，对他们来说，以人为本的舒适、自由正是服装的本源所在。古希腊服饰自从诞生的那一天起，就在历史上不断地被复制和沿用。正如法国著名的服装设计师香奈儿所说："时尚将随时间而逝，但风格是永存的。"希腊风元素在不断地复合中得以持续地延伸和升华，又在延伸和升华中焕发出旺盛的生命力。

中文名 亚南
英文名 Ioannis
学习周期 2016—2017年
主修专业 汉语培训
学　历 语言生
指导老师 张姮

希腊　亚南提供 20世纪00—40年代　家庭照

希腊　亚南提供 20世纪00—40年代　家庭照

希腊 亚南提供 20世纪70—80年代 民族服饰照

希腊　亚南提供 20世纪90年代—21世纪初　民族服饰照

希腊　亚南提供 20世纪00—40年代　日常服装照

希腊 亚南提供 20世纪00—40年代 日常服装照

希腊　亚南提供 20世纪00—40年代　日常服装照

希腊　亚南提供 20世纪50—60年代　出行照

希腊　亚南提供 20世纪50—60年代　出行照

希腊　亚南提供 20世纪00—40年代　学生照

希腊 亚南提供 20世纪00—40年代 学生照

印度 21

印度共和国（The Republic of India），简称印度，位于南亚，是一个由100多个民族构成的统一多民族国家，人口超过13亿。印度全境炎热，大部分地区属于热带季风气候。

公元前4 000年，印度开始种植棉花。印度传统服装的颜色和风格各不相同，这主要取决于气候和宗教信仰的不同。流行的服装款式包括垂褶服装，如女式的纱丽、男式的多蒂腰布（Dhoti）或伦吉腰布（Lungi）。女式宽松裤（Shalvar Kameze）、男士库尔塔衫（Kurta-Pajama）或欧式裤子、衬衫也很流行。

中文名	徐奕菡
英文名	Singh, Jyoti
学习周期	2016—2019年
主修专业	信息与通信智能系统
学　历	博士
指导老师	李丽

印度　徐奕菡提供 20世纪50—60年代　家庭照

印度　徐奕菡提供 20世纪90年代—21世纪初　家庭照

印度 徐奕菡提供 20世纪00—40年代 结婚照

印度　徐奕菡提供 20世纪90年代—21世纪初　结婚照

印度　徐奕菡提供 20世纪90年代—21世纪初　结婚照

印度　徐奕菡提供 20世纪00—40年代　民族服饰照

印度 徐奕菡提供 20世纪50—60年代 日常服装照

印度　徐奕菡提供 20世纪00—40年代　学生照

印度　徐奕菡提供 20世纪70—80年代　学生照

22 新加坡

新加坡共和国（The Republic of Singapore），简称新加坡，别称狮城，是东南亚的一个岛国，与马来西亚和印度尼西亚隔海相望，毗邻马六甲海峡南口。

新加坡是一个典型的移民国家，呈现出多元文化的社会特色，公民主要以四大族群来区分：华人、马来族、印度裔和欧亚裔（混血）等，其中华人所占比例最高。新加坡会庆祝各个民族和宗教的节日，比如新加坡华人会庆祝农历新年和中秋节，同样也会参加圣诞节和开斋节的活动，不同的文化和种族在新加坡都能和谐共处。

中文名	王书慧
英文名	Wang Shuhui
学习周期	2006—2010 年
主修专业	服装设计
学历	本科
指导老师	王丽慧

新加坡　王书慧提供 20世纪70—80年代　结婚照

新加坡　王书慧提供 20世纪90年代—21世纪初　结婚照

新加坡　王书慧提供 20世纪70—80年代　日常服装照

新加坡　王书慧提供 20世纪70—80年代　日常服装照

新加坡　王书慧提供 20世纪90年代—21世纪初　日常服装照

新加坡　王书慧提供 20世纪90年代—21世纪初　出行照

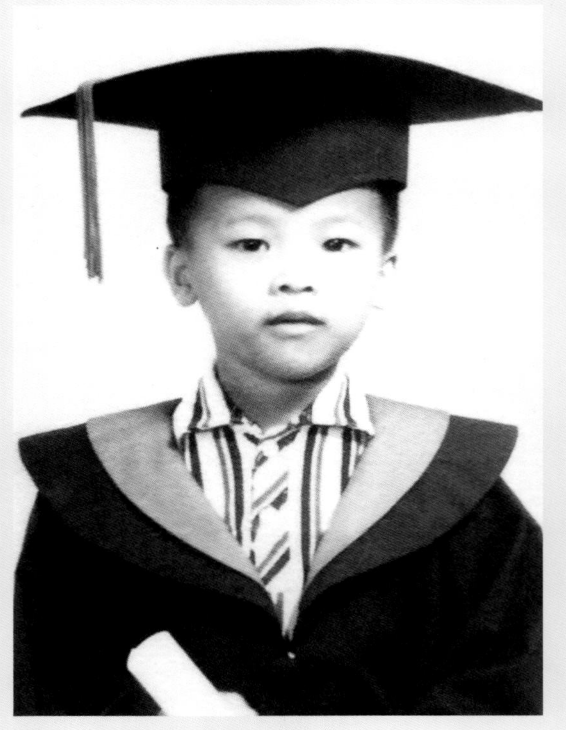

新加坡　王书慧提供 20世纪50—60年代　学生照

德国 23

德意志联邦共和国（The Federal Republic of Germany），简称德国，位于中欧，温带气候为主，人口8 200多万，主体为德意志民族，通用德语。德国是一个高度发达的资本主义国家，基础科学和应用研究十分发达，成就显著，是欧洲最大经济体。

德国在历史上被称为“诗人与思想家的国家”，文学界、美术界与音乐界名家辈出，各类音乐会、艺术展览、戏剧表演、街头庆祝活动也异常活跃。德国的民间节庆活动很多，比如慕尼黑啤酒节、柏林文化狂欢节、科隆狂欢节等，都具有悠久的历史和很高的国际声誉。德国人穿着上没有明显的民族特征，也并不时髦，但其显著特征是穿戴整齐与讲究。在不同场合，对服饰礼仪要求极为严格，遵守服饰礼仪被视为教养的体现。慕尼黑国际时装博览会享誉世界，对国际时装的发展有很大影响力。

中文名　魔
英文名　Jalali Mohammad
学习周期　2017—2021年
主修专业　市场营销
学　历　本科
指导老师　刘美玲

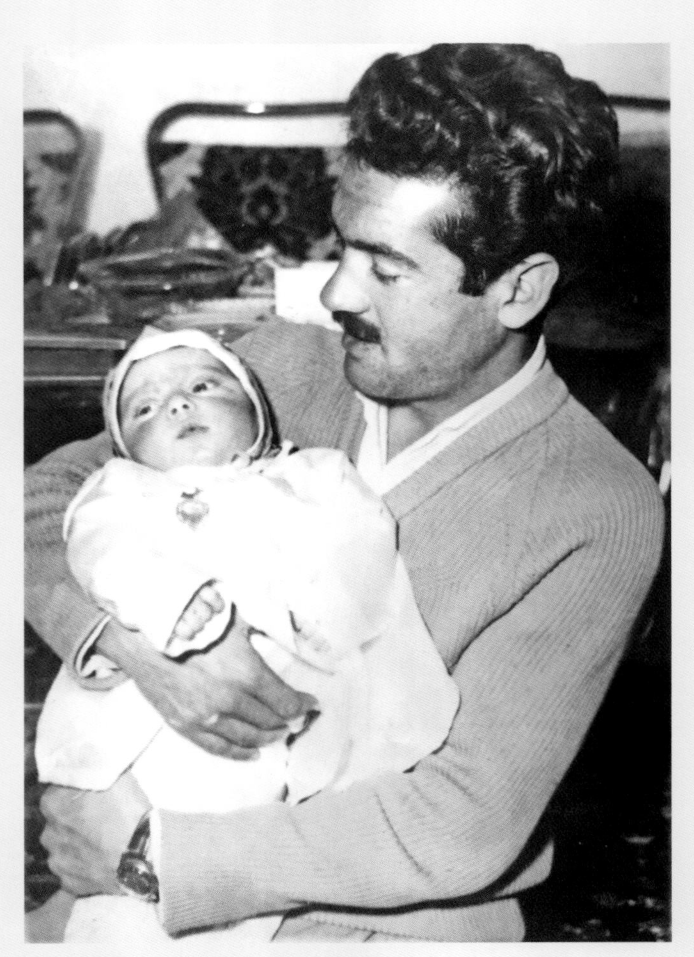

德国　魔提供 20世纪50—60年代　日常服装照

德国　魔提供 20世纪70—80年代　日常服装照

德国　魔提供 20世纪90年代—21世纪初　出行照

挪威 24

挪威王国（The Kingdom of Norway），简称挪威，意为“通往北方之路”，北欧五国之一，有三分之一的国土在北极圈内，人口500多万，主要为挪威人，官方语言为挪威语。挪威海岸线漫长曲折，沿海岛屿很多，被称为“万岛之国”，大部分地区属温带海洋性气候。挪威是拥有现代化工业的发达国家，石油是其国民经济的重要支柱，国民享有很高的福利，被联合国评为世界上最适宜居住的国家。

挪威的民族服装叫Bunads，在圣诞节、成人礼、国庆节这些盛装出行的日子都要穿民族服装。Bunads由羊毛制成，花纹繁复，配以银饰装饰，华丽而漂亮。每个地区都有自己独特的款式，从不同的颜色及样式可以看出其祖先来自何方。在挪威，绝大多数新生的宝宝都会经受洗礼仪式，受洗的宝宝会穿一件白色的纱衣，因为他们比较注重传承，所以这件纱衣可能是祖辈婴儿时期受洗时穿过的。

中文名	庄梦蝶
英文名	Ingvild Heggdal Winther
学习周期	2016—2020年
主修专业	国际贸易
学　　历	本科
指导老师	刘美玲

挪威 庄梦蝶提供 20世纪70—80年代 家庭照

挪威　庄梦蝶提供 20世纪00—40年代　日常服装照

挪威　庄梦蝶提供 20世纪50—60年代　日常服装照

挪威　庄梦蝶提供 20世纪70—80年代　日常服装照

挪威 庄梦蝶提供 20世纪90年代—21世纪初 日常服装照

挪威　庄梦蝶提供 20世纪90年代—21世纪初　日常服装照

挪威　庄梦蝶提供 20世纪70—80年代　学生照

25 土库曼斯坦

土库曼斯坦（Turkmenistan）是一个中亚内陆国家。土库曼斯坦是世界上最干旱的地区之一，但石油天然气资源丰富，天然气储备列世界第五，石油天然气工业为该国的支柱产业。土库曼斯坦是一个多民族国家，共有土库曼族、乌兹别克族、俄罗斯族等120多个民族；官方语言为土库曼语，俄语为通用语；绝大多数居民信仰伊斯兰教。

土库曼斯坦已开始走上现代化进程，但还保留了很多传统风俗。比如在婚礼中，新郎通常穿西服，新娘则穿土库曼斯坦的传统民族服饰，那是一种东方式的丝绸长袍，有非常漂亮、复杂的花边图案等。参加婚礼的宾客也都盛装出席，女性基本都穿传统长裙。

中文名　古查
英文名　Guncha
学习周期　2014—2018 年
主修专业　汉语言
学　　历　本科
指导老师　王丽慧

土库曼斯坦 古查提供 20世纪90年代—21世纪初 家庭照

土库曼斯坦　古查提供 20世纪70—80年代　日常服装照

土库曼斯坦　古查提供 20世纪70—80年代　出行照

法国 26

法兰西共和国（French Republic），简称法国，位于欧洲大陆，是西欧面积最大的国家，三面临海，三面靠陆，多样性气候，人口6 700多万。法兰西是多民族国家，主体为法兰西民族，法语为通用语。

法国拥有灿烂辉煌的文化与艺术，文化具有多样性，很多文学、绘画、戏剧等作品堪称人类文化的瑰宝，在人类文明发展史上产生了深远影响。法国人极为崇尚自由、浪漫与品位。法国时装与时尚一直引领世界潮流，他们的服装设计大胆前卫，选料丰富，制作技术高超，以巴黎时装最为著名。巴黎女郎裙子款式多样新颖，是一道别国难以看到的亮丽风景。法国人对服饰的讲究程度可与对美食的讲究媲美，不同场合会选择不同款式、颜色、质地的衣服，展示时尚，彰显个性。

中 文 名　艾可可
英 文 名　Constance Aurelie Etcheverry
学习周期　2018—2022 年
主修专业　工商管理
学　　历　本科
指导老师　刘美玲

法国　艾可可提供 20世纪00—40年代　结婚照

法国　艾可可提供 20世纪50—60年代　结婚照

法国　艾可可提供 20世纪90年代—21世纪初　民族服饰照

法国　艾可可提供 20世纪00—40年代　日常服装照

法国 艾可可提供 20世纪70—80年代 日常服装照

法国 艾可可提供 20世纪90年代—21世纪初 日常服装照

法国　艾可可提供 20世纪90年代—21世纪初　学生照

27 卢旺达

卢旺达共和国（The Pupublic of Rwanda），简称卢旺达，位于非洲中东部赤道南侧，内陆国家，人口约1 200万。卢旺达属温带和热带高原气候，由于海拔较高，其气温比典型的赤道国家要低。位于该国中部的基加利日常温度一般在12℃ ~27℃，全年波动幅度较小。

卢旺达是一个农业国，90%以上人口从事农牧业。卢旺达主要由胡图族、图西族和特瓦族这三个民族构成，其中胡图族约占全国总人口的85%，图西族约占14%，特瓦族占1%左右。

中 文 名　叶先
英 文 名　Hyacinthe Ndayambaje
学习周期　2017—2021 年
主修专业　软件工程
学　　历　本科
指导老师　严新锋

中 文 名　伊娜
英 文 名　Ines Josiane Izere
学习周期　2015—2019 年
主修专业　管理科学与工程
学　　历　博士
指导老师　严新锋

中 文 名　范雨哲
英 文 名　Francois Xavier Munyazesa
学习周期　2017—2020 年
主修专业　化学工程与技术
学　　历　硕士
指导老师　严新锋

卢旺达　叶先提供 20世纪50—60年代　家庭照

卢旺达　伊娜提供 20世纪70—80年代　家庭照

卢旺达 伊娜提供 20世纪90年代—21世纪初 结婚照

卢旺达　范雨哲提供 20世纪90年代—21世纪初　民族服饰照

卢旺达 伊娜提供 20世纪70—80年代 日常服装照

卢旺达　叶先提供 20世纪70—80年代　日常服装照

卢旺达　范雨哲提供 20世纪90年代—21世纪初　日常服装照

卢旺达　叶先提供 20世纪50—60年代　学生照

卢旺达　叶先提供 20世纪70—80年代　学生照

尼泊尔 28

尼泊尔联邦民主共和国（Federal Democratic Republic of Nepal），简称尼泊尔。位于亚洲南部，喜马拉雅山南麓。全国分北部高山、中部温带和南部亚热带三个气候区。北部冬季最低气温为-41℃，南部夏季最高气温为45℃。尼泊尔是一个多民族、多宗教、多种姓、多语言国家，总人口约2 900万，大多数居民信奉印度教。

尼泊尔妇女们的传统服饰色彩鲜艳靓丽，主要包括纱丽和旁遮比两大类。纱丽是一块长4~8米的现成衣料，穿时下端紧紧缠在身体肚脐以下部分，上端一般披在肩上，也可裹在头上。纱丽通常印有五颜六色的图案，质料有棉、丝或毛，颜色多种多样。旁遮比是一种套服，由卡米子、朱利达尔和杜巴尔达组成。卡米子是自脖颈以下长及膝盖的长袍；朱利达尔是一种自膝盖以下逐渐收紧的收腿裤；杜巴尔达则是一种长约3米左右的围巾，通常搭放在胸前，两端分别垂于肩后。这种套服是仅次于纱丽的传统服装。

中文名	浦瑞妍
英文名	Shakya Priyanka
学习周期	2019—2022年
主修专业	纺织工程
学　历	硕士
指导老师	严新锋

尼泊尔　浦瑞妍提供 20世纪90年代—21世纪初　结婚照

尼泊尔　浦瑞妍提供 20世纪50—60年代　民族服饰照

尼泊尔 浦瑞妍提供 20世纪70—80年代 日常服装照

尼泊尔　浦瑞妍提供 20世纪90年代—21世纪初　日常服装照

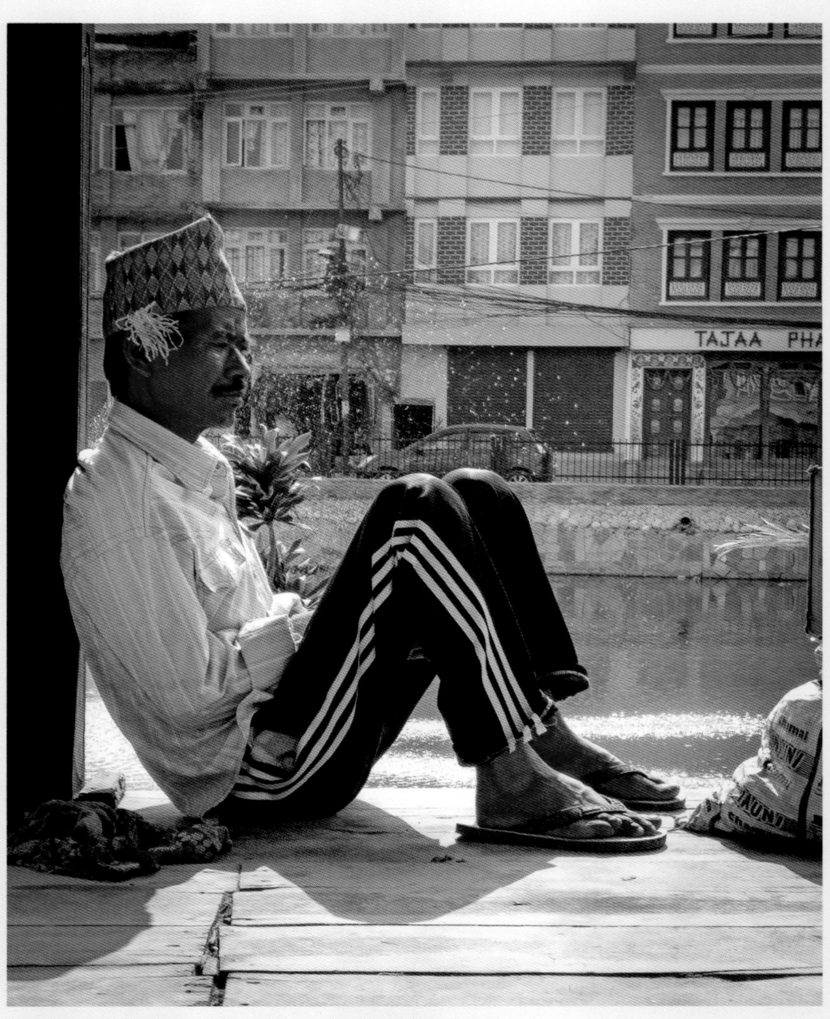

尼泊尔　浦瑞妍提供 20世纪90年代—21世纪初　日常服装照

29 布隆迪

布隆迪共和国（The Republic of Burundi），简称布隆迪。布隆迪境内多高原和山地，大部分由东非大裂谷东侧高原构成，全国平均海拔1 600米，有“高山之国”之称。

布隆迪包括图西族、胡图族和特瓦族三个部族。图西族的男女穿着非洲海岸的长袍。女子的服装包括白色长袍和白色头巾。当今，人们通常穿西式服装，妇女穿礼服和印花布衫，男士穿裤子和衬衫。

中文名　奥兰多

英文名　Mayugi Tanguy Orlando

学习周期　2015—2019年

主修专业　软件工程

学　历　本科

指导老师　吴小军

布隆迪　奥兰多提供 20世纪90年代—21世纪初　家庭照

布隆迪　奥兰多提供 20世纪70—80年代　结婚照

布隆迪　奥兰多提供 20世纪90年代—21世纪初　民族服饰照

布隆迪　奥兰多提供 20世纪70—80年代　日常服装照

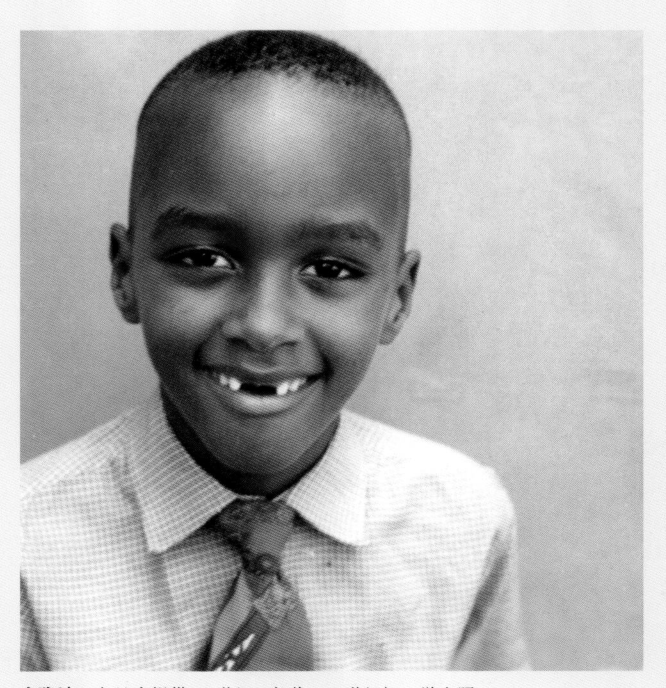

布隆迪　奥兰多提供　20世纪90年代—21世纪初　学生照

布隆迪　奥兰多提供 20世纪90年代—21世纪初　学生照

后记
Afterword

服务国家重大战略是东华大学出版社作为“上海市纺织服装学术专业出版中心”开展工作的重中之重。针对这一目标，从2015年起出版社精心布局、精心策划了相关的项目，其中以“一带一路”作为一个抓手，在传统出版与新媒体融合出版方面都有不俗的表现。

在出版社重大项目申报中，我有幸跟随原出版社社长蒋智威老师全程参与其中，蒋老师对科研项目的开发能力及远见卓识让我受益匪浅，从项目策划到项目立项，从项目实施到成果出版、数据库的建立、融媒体出版的探索，帮助我跳出传统图书编辑的思维，让我心怀大局，一切从国家需要出发，努力使自己站得更高一些、想得更远一些，这样的锻炼也使我具备了复合型编辑的能力。虽然过程很痛苦，有时会有被逼上绝境的感受，但是咬牙再坚持往前走一步，会有“拨开云雾见青天”的豁然，这也许是出版业独有的魅力所在，也是出版社在坚持专业出版方面使命与担当的体现。

与东华大学国际文化交流学院展开合作至今已有5年时间，项目的顺利实施得到了国际文化交流学院的大力支持，同时也是出版社与国际文化交流学院共同努力的结果。我校从1954年开始招收外国留学生，65年来培养的4万多名世界各国人才遍布全球，学院具有的天然资源优势为本项目奠定了坚实的基础。项目策划的初衷来源于“国之交在于民相亲，民相亲在于心相通。”“民心相通”是“一带一路”建设的重要内容之一，在讲好“中国故事”的同时，也要把世界介绍给中国，让中国了解多样的世界。绚丽多彩的服饰承载着丰富多元的文化，“一带一路”沿途，每种服饰都展示出不同文化的风姿，每种时尚都可以在外国留学生家庭珍藏的照片中体现。

在整个项目的实施过程中，吴小军副院长作为学院项目负责人统筹项目的实施，柯玲教授作为学科带头人始终把握着项目的正确方向，记不清我们的团队开了多少个会，一次次探讨、一次次有力的推进都确保了项目的顺利进行。回望成果，从“一带一路”沿线国家时尚流行变迁图片采集（一期）开始，项目被纳入“海派时尚流行趋势公共服务平台（二期）”建设，这也是上海市促进文化创意产业发展的重大项目，所采集的图片全部进入时尚流行变迁数据库。从一期的28国1 500余张照片，到二期的29国1 200余张照片，得到了在校留学生和留学生校友们的积极响应，共有57个国家的64名留学生提供了珍贵的家庭照片，在此对大家的积极参与表示衷心的感谢！基于数据库建设，我们又在2017年、2019年先后两次推出了“‘一带一路’沿线国家时尚流行图片展”，共计精选出400余幅照片进行展出，力求展示“一带一路”沿线国家的服饰风采，展览得到了媒体的广泛报道。其后出版了图书《丝路情 民族风——“一带一路”沿线时尚流行变迁图录（1）》及本次出版的姐妹篇。此次，我们按照家庭照、结婚照、民族服饰照、日常服装照、出行照、学生照六个类别分类，并在不同类别中按时间顺序编排图片，希望通过多种形式、不同角度去见证“一带一路”沿线文明、文化的发展。

项目进展到今日，团队中大多数人员的工作岗位都发生了变动，包括我在内。项目看上去仿佛要画上句号了，但它又是新的开始，是出版社服务国家重大战略的新起点，各部门在此基础上组织学者继续深入开展相关的学术研究工作，加快推动更多研究成果的诞生，为“一带一路”倡议献计献策。目前，学校也正在整合校内多方研究力量，争取国家有关部门支持，成立“一带一路”国际智库，助推我校“一带一路”人文社科领域的研究，我们也将用不懈的努力为“一带一路”倡议贡献东华智慧，发出东华声音！

马文娟

二〇一九年十二月